配电网工程施工工艺手册

电缆线路

国网湖南省电力有限公司 组编

中国电力出版社
CHINA ELECTRIC POWER PRESS

内 容 提 要

《配电网工程施工工艺手册》共有《配电台区》《架空线路》《电缆线路》《配电站房》4个分册。

本书为《电缆线路》分册，共有10kV电缆线路和380V电缆线路2章，详细规范了10kV及380V电缆线路工程施工及检修涉及的共性要求、电缆井、电缆固定、电缆接地、防火封堵、电缆线路标识安装等施工检修工艺标准。

本书可供配电网施工人员和技术管理人员参考使用。

图书在版编目（CIP）数据

配电网工程施工工艺手册．电缆线路／国网湖南省电力有限公司组编．—北京：中国电力出版社，2020.6（2024.1重印）

ISBN 978-7-5198-4483-7

Ⅰ．①配… Ⅱ．①国… Ⅲ．①配电线路—电缆—工程施工—手册 Ⅳ．①TM727-62 ②TM726.4-62

中国版本图书馆CIP数据核字（2020）第041911号

出版发行：中国电力出版社
地　　址：北京市东城区北京站西街19号（邮政编码100005）
网　　址：http://www.cepp.sgcc.com.cn
责任编辑：邓慧都（010-63412636）
责任校对：黄　蓓　闫秀英
装帧设计：张俊霞
责任印制：石　雷

印　　刷：北京锦鸿盛世印刷科技有限公司
版　　次：2020年6月第一版
印　　次：2024年1月北京第四次印刷
开　　本：880毫米×1230毫米　32开本
印　　张：2.125
字　　数：45千字
印　　数：5001—5600册
定　　价：20.00元

编委会

编写组

主　　编　陈超强

副 主 编　龚方亮　扈拥军

编写人员　包依平　陈文景　卢　浩　殷　鹏　谭　韬
　　　　　陶　宏　潘一望　刘沣萱　滕　耿　曾　震
　　　　　彭文淼　王　坚　文　松　黄剑波　黄亮亮
　　　　　罗　伟　杨　生　郭海龙

前　言

为建设结构合理、安全可靠、经济高效的高质量现代配电网，落实国家电网有限公司配电网标准化建设工艺“一模一样”工作要求，有效规范配电网施工检修标准，促进工艺水平的全面提升，国网湖南省电力有限公司特组织专家骨干编写了《配电网工程施工工艺手册》。

本手册全面覆盖配电网工程建设，共有《配电台区》《架空线路》《电缆线路》《配电站房》4 个分册。

本册为《电缆线路》分册，共有 10kV 电缆线路和 380V 电缆线路 2 章，详细规范了 10kV 及 380V 电缆线路工程施工及检修涉及的共性要求、电缆井、电缆固定、电缆接地、防火封堵、电缆线路标识安装的施工检修工艺标准。本册参考了《配电网施工检修工艺规范》《国家电网公司配电网工程典型设计（2016 年）湖南省电力公司实施方案》等相关技术标准、规范及导则。

本册图文并茂、内容全面、实用性强，可供各级配电网施工人员和技术管理人员参考使用。

由于编者水平有限，书中难免有疏漏和不足之处，敬请读者批评指正。

编　者

2020 年 4 月

目录 Contents

CHAPTER 1

1

10kV 电缆线路

1.1 共性要求

（1）机械牵引时，牵引端应采用专用的拉线网套或牵引头，应在牵引端设置防捻器，中间应使用电缆放线滚轮。防捻器设置及放线滚轮应用见图 1–1。

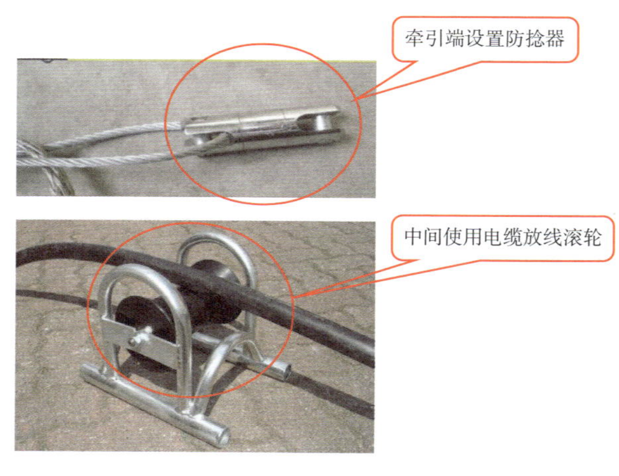

图 1–1　防捻器设置及放线滚轮应用

（2）电缆在装卸的过程中，设专人负责统一指挥，指挥人员发出的指挥信号必须清晰、准确。采用吊车装卸电缆盘时，起吊钢丝绳应套在盘轴的两端，不应直接穿在盘孔中起吊。人工短距离滚动电缆盘前，应检查线盘是否牢固，电缆两端应固定，滚动方向须与线盘上的箭头方向一致。

（3）电缆盘就位后，安装放线架需稳固，确保钢轴平衡，电缆盘距地高度在 50~100mm 为宜，并有可靠的制动措施。电缆敷设时，电缆应从盘的上端引出，不应使电缆在支架上及地面摩擦拖拉。电缆进入电缆管路前，可在其表面涂抹与其护层不起化学作用的润滑物，减小牵引时的摩擦阻力。电缆盘放线出线见图 1–2。

图 1–2 电缆盘放线出线

（4）电缆敷设前，在线盘、隧道口、隧道竖井内及隧道转角处搭建放线架，将电缆盘、牵引机、履带输送机、滚轮等布置在适当的位置，电缆盘应有刹车装置。履带输送机及滚轮布置见图 1–3。

（a）履带输送机

（b）在适当位置布置滚轮

图 1–3 履带输送机及滚轮布置

（5）直线部分应每隔 2.5~3.0m 设置一个直线滚轮。在转角或受力的地方应增加滚轮组（“L”状的转弯滚轮），设置间距要小，控制好电缆弯曲半径和侧压力，并设专人监视，电缆不得有铠装压扁、电缆绞拧、护层折裂等机械损伤，需要时可以适当增加输送机。直线滚轮及转弯滚轮设置见图 1-4。

（a）每隔 2.5~3.0m 设一个直线滚轮

（b）转角处“L”状的转弯滚轮

图 1-4 直线滚轮及转弯滚轮设置

（6）在电缆牵引头、电缆盘、牵引机、过路管口、转弯处、支架以及可能造成电缆损伤的地方采取保护措施，适当位置设置滚轮保护见图 1-5。

图 1-5 电缆放线适当位置设置滚轮保护

（7）电缆敷设时，拉引电缆的速度要均匀，机械敷设电缆的速度不宜超过 15m/min，在较复杂路径上敷设时，其速度应适当放慢。

（8）电缆在任何敷设方式及其全部路径条件的上下左右改变部位，电缆允许弯曲半径标准如表 1–1 所示。电缆转弯半径见图 1–6。

表 1–1　电缆允许弯曲半径标准

项目	10kV 及以下的电缆			
	单芯电缆		三芯电缆	
	无铠装	有铠装	无铠装	有铠装
敷设时	20*D*	15*D*	15*D*	12*D*
运行时	15*D*	12*D*	12*D*	10*D*

注　*D* 为成品电缆标称外径。

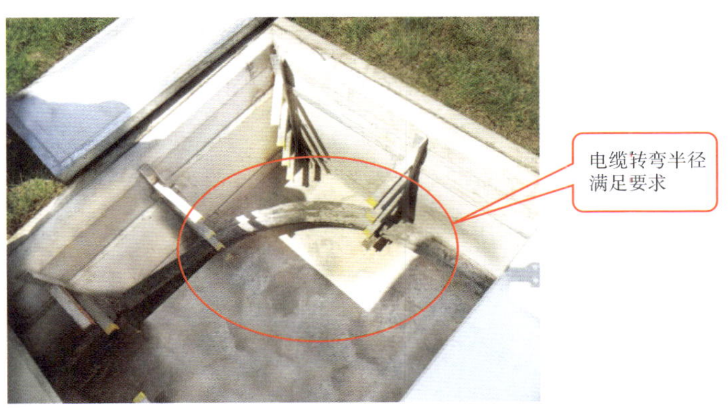

图 1–6　电缆转弯半径

（9）电缆敷设后，电缆头应悬空放置，将端头立即做好防潮密封，以免水分侵入电缆内部，并应及时制作电缆终端和接头。同时应及时清除杂物，盖好盖板，并将盖板缝隙密封，施工完后电缆进入电缆沟、隧道、竖井、建筑物、盘（柜）以及穿入管道处出入口应保证封闭，管口进行密封并做防水处理。施工完毕管口封堵见图 1–7。

图 1–7　管口封堵

（10）低压电缆敷设，相同电压的电缆并列明敷时，电缆间的净距不应小于 35mm，但在线槽内敷设时除外。

（11）1kV 以下电力及控制电缆与 1kV 及以上电力电缆一般分开敷设。当并列明敷时，其净距不应小于 150mm。

（12）相同电压的电缆保护板直埋并列敷设时，电缆间的净距不应小于 100mm。

（13）回填土前，应清理积水，进行一次隐蔽工程检验，合格后，应及时回填土，并进行分层夯实。电缆通道应分层夯实回填至地面修复高度，回填土中不应有石块、建筑垃圾或其他硬质物。

1.2 电缆敷设

►► 1.2.1 直埋敷设

（1）同一路径直埋电缆根数不超过 4 根，敷设距离不宜超过 50m。

（2）电缆沟底应位于原状土层，如建设地点有孔穴、虚土坑，或土层分布不均匀，应先进行地基处理，达到要求后施工。

（3）敷设前应将沟底铲平夯实。电缆埋设后回填土应分层夯实，地面恢复形式满足市政要求，不得造成路面塌陷。

（4）电缆应敷设于壕沟内，沿电缆全长的上、下、侧面应铺以厚度不小于 100mm 的软土或砂层，电缆全长应覆盖保护板，宽度不小于电缆两侧各 50mm。电缆沟底宽度标准如表 1–2 所示。电缆保护板直埋敷设俯视图见图 1–8。

表 1–2　电缆沟底宽度标准

电缆敷设根数	保护方式	电缆截面 / 芯数 × 截面（mm^2）	断面规模 / 沟底宽（m）
1	保护板	3×（70~400）	0.4
2	保护板	3×（70~400）	0.6
3	保护板	3×（70~400）	0.8
4	保护板	3×（70~400）	0.9

图 1-8　电缆保护板直埋敷设俯视图

（5）电缆外皮距地表深度不得小于 0.7m，农田中覆土深度不应小于 1m。在直埋电缆上方应铺设警示带，警示带距电缆保护层不小于 200mm。保护板直埋敷设截面图见图 1-9。

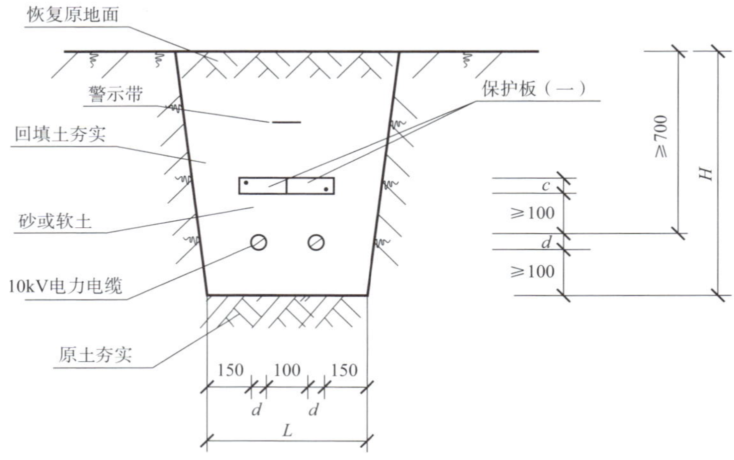

说明：1. L、H 为电缆沟的宽度和深度，根据电缆根数和外径确定。
2. d 为电缆外径，c 为保护板厚度。

图 1-9　保护板直埋敷设截面图

（6）电缆水平保护管与垂直保护管距离应适合，保证电缆弯曲半径满足设计或规范要求。电缆水平与垂直保护管设置见图 1-10。

图 1-10　电缆水平与垂直保护管设置

（7）电缆直埋保护板制作模板示意图及材料表见图 1-11 及表 1-3。

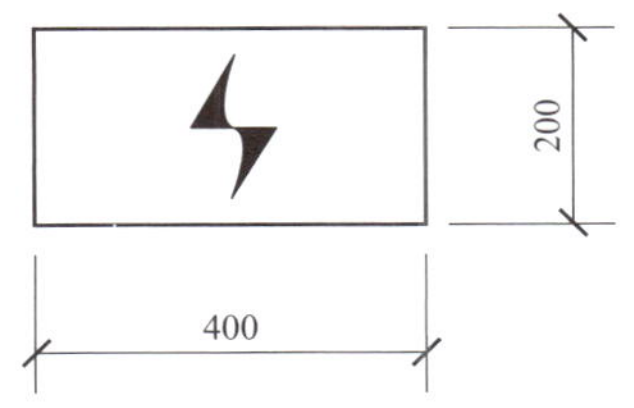

图 1-11　保护板制作模板示意图

表 1-3　单块保护板制作模板材料表

类型	尺寸			混凝土 C20（m^3）	构件重（kg）
	长（mm）	宽（mm）	厚（mm）		
保护板	400	200	35	0.0028	6.2

（8）直埋敷设的电缆，严禁位于地下管道的正上方或正下方，不宜在行车道或路口下采用直埋敷设方式。

（9）直埋敷设电缆与其他电缆、管道、道路、构筑物等之间允许的最小距离，应符合表 1-4 规定。

表 1-4　电缆与其他电缆、管道、道路、构筑物等相互间最小净距

电缆直埋敷设时的配置情况		平行	交叉
控制电缆之间		–	0.5①
电力电缆之间或与控制电缆之间	10kV 及以上电力电缆	0.1	0.5①
	10kV 及以下电力电缆	0.25②	0.5①
不同部门使用的电缆		0.5②	0.5①
电缆与地下管沟	热力管沟	2③	0.5①
	油管或易（可）燃气管道	1.0	0.5①
	其他管道	0.5	0.5①
电缆与铁路	非直流电气化铁路铁轨	3	1.0
	直流电气化铁路铁轨	10	1.0
电缆与建筑物基础		0.6③	—
电缆与公路边		1.0③	
电缆与排水沟		1.0③	
电缆与树木的主干		0.7	
电缆与 1kV 以下架空线电杆		1.0③	
电缆与 1kV 以上架空线杆塔基础		4.0③	

① 用隔板分隔或电缆穿管时不得小于 0.25m。

② 用隔板分隔或电缆穿管时不得小于 0.1m。

③ 特殊情况时，减小值不得小于 50%。

▶▶ 1.2.2 电缆排管敷设

（1）10kV 电缆排管敷设根数≤ 20，排管的内径不小于 1.5 倍电缆外径。

（2）电缆排管土建。

1）土方开挖完成后按现场土质的坚实情况进行必要的沟底夯实处理及沟底整平。

2）管沟填碎石、石粉或粗砂垫层应控制好高度，并压实填平。

3）底板垫层采用 C15 混凝土，厚度为 100mm ；排管包封混凝土采用 C20 混凝土；排管采用混凝土包封时，底板垫层宽度应超出包封层两侧各 100mm。

4）浇筑的混凝土板基础应平直，浇灌过程中用平板振动器振捣，如需分段浇捣，应采取预留接头钢筋、毛面、刷浆等措施。浇注完成后要养护 7d。

5）在浇捣排管外包混凝土之前，应将工井留孔的混凝土接触面凿毛（糙），并用水泥浆冲洗。在排管与工井接口处应设置变形缝。

（3）排管敷设。

1）管道敷设时应保证管道直顺，管道的接缝处应设管枕，接口无错位，在管接口处采用混凝土现浇，提升接口强度。管与管之间的管驳采用热熔或插接，导管器试通合格。排管接口处理见图 1-12。

图 1–12　排管接口处理

2）管应保持平直，管与管之间应有 20mm 的间距。管孔数宜按发展预留适当备用，管路纵向连接处的弯曲度，应符合牵引电缆时不致损伤的要求。

3）施工中应防止水泥、砂石进入管内，管应排列整齐，并有不小于 0.1% 的排水坡度，施工完毕应用管盖盖住两端。施工完毕管口封堵见图 1–13。

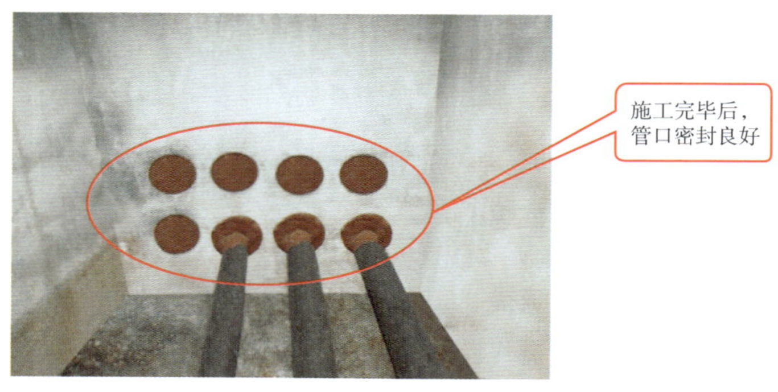

图 1–13　管口封堵

4）电缆排管连接处应使用管枕，管枕间距以厂家提供资料为准，如厂家无要求管枕间距不宜大于 1.5m。

5）管外原土回填管顶深度≥ 0.7m，管外混凝土包封管顶深度≥ 0.5m。在排管上方应铺设警示带，警示带距排管保护层 300mm。原土回填排管及混凝土包封排管截面分别见图 1–14 和图 1–15，不同管内径调整尺寸表分别见表 1–5 和表 1–6。

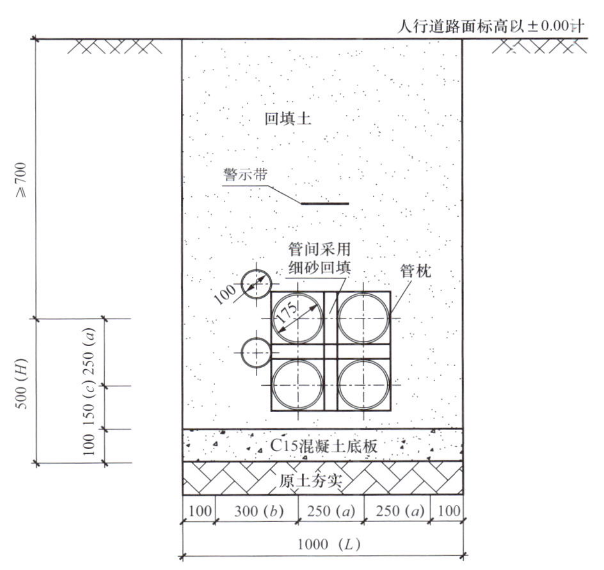

图 1–14　原土回填排管截面

表 1–5　不同管内径调整尺寸表　mm

管间尺寸 / 管材内径	*a*	*b*	*c*	*L*	*H*
175	250	300	150	1000	500
150	220	280	130	730	450

续表

管间尺寸 管材内径	a	b	c	L	H
200	280	330	180	1090	560

说明：本图以排管内径 175mm 为例，排管内径为 150、200mm 时需做相应调整。

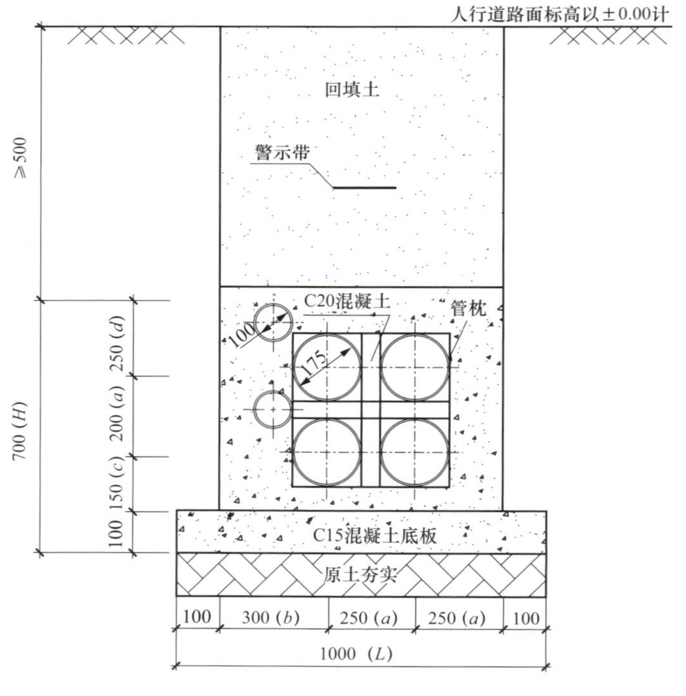

图 1-15　混凝土包封排管截面

表 1-6　不同管内径调整尺寸表　　mm

管间尺寸 / 管材内径	a	b	c	L	H
175	250	300	150	1000	700
150	220	280	130	920	630
200	280	330	180	1090	790

说明：本图以排管内径 175mm 为例，排管内径为 150、200mm 时需做相应调整。

6）敷设后多余的电缆管应切除，并将切口打磨平滑。排管保护管内壁和管口应光滑无毛刺，采用通管器来回拖拉清理管内杂物，排管口应做倒角，以避免损伤电缆。通管器应用及排管口倒角见图 1-16。

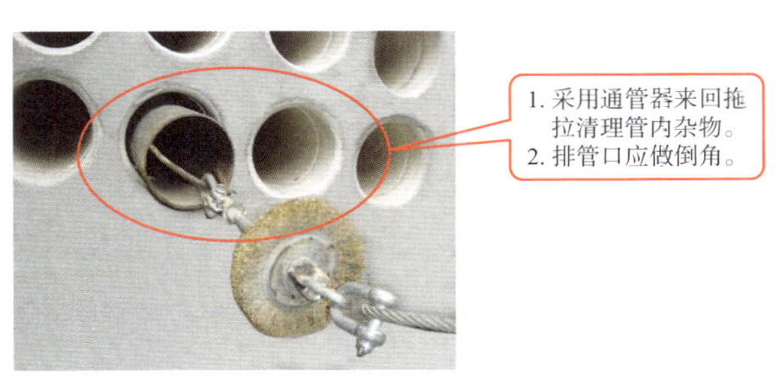

图 1-16　通管器应用及排管口倒角

7）最下层排管管口底距离沟（井）底应不小于 100mm，留出设置滑轮等保护措施的空间。

（4）排管使用。

1）单芯电缆钢管敷设应三相同时穿入一个管径。

2）电缆管道的使用应按照从下至上有序使用的原则，提前规划好管孔使用位置，避免交叉和敷设混乱的情况发生。电缆管道有序使用见图 1–17。

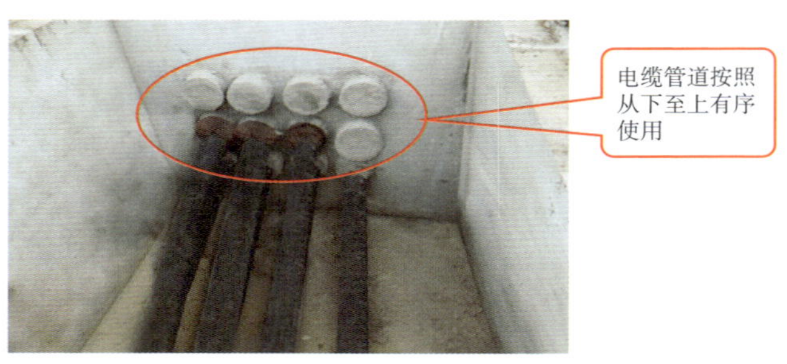

图 1–17 电缆管道有序使用

►► 1.2.3 电缆沟敷设

（1）电缆沟开挖。

1）电缆沟开挖时，密切注意地下管线、构筑物分布情况。如出现沟底持力层达不到设计要求，采取换土处理。

2）开挖应严格按挖沟断面分级开挖，沟体开挖应连续开挖，开挖施工中不得超挖，如发生超挖，应用细砂或石粉回填夯实至设计深度。挖土完成后应对基层土进行平整夯实处理。

（2）电缆沟砌筑。

1）浇捣混凝土垫层时，首先绑扎钢筋，然后浇捣混凝土。

2）电缆沟砌筑前应复测，确定方向后按设计要求进行砌筑。

3）压顶梁浇筑时，制安模板时应托架牢固、模板平直、支撑合理、稳固及拆卸方便。

4）现浇混凝土电缆沟变形缝间距不宜超过10m，缝宽宜为30mm，且应贯通全截面，变形缝处应采取有效防水措施。

5）电缆沟内外壁均以20mm厚1:2砂浆（掺入水泥重量5%防水剂）光面，钢筋的保护层厚度不小于30mm，外露铁件均须做热镀锌防腐处理。

6）混凝土外露表面不应脱水，普通混凝土养护时间不少于7d。

7）抹灰前电缆支架检查预埋件安装位置正确，与墙体连接牢固，抹灰工程施工的环境温度不宜低于5℃，在低于5℃的气温下施工时，应有保证质量的有效措施。

8）电缆沟应有不小于0.5%的纵向排水坡度，在最低处设置集水坑，坑顶设置保护盖板，盖板上设置泄水孔。在确保电缆沟、井底部高于“三污干管”底部的情况下，需同“三污干管”（雨水管、污水管、废水管）连通。电缆沟集水坑口保护盖板见图1-18。

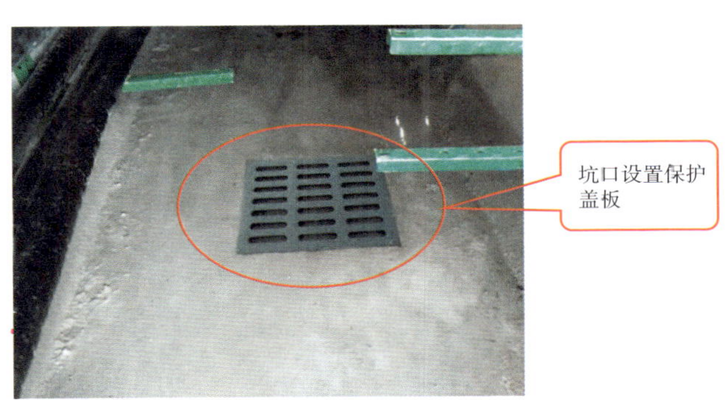

图1-18　电缆沟集水坑口保护盖板

9）土方回填时宜采用人工回填，采用石灰粉或粗砂分层夯实，每层厚度不应大于 300mm。

（3）电缆支架安装。

1）电缆支架安装前应进行放样定位，电缆支架应牢固安装在电缆沟墙壁上，横平竖直。

2）电缆支架规格、尺寸、跨距、各层间距离及距顶板、沟底最小净距应遵循设计及规范要求。单侧支架跨距为 800mm，上下层支架的净间距为 250mm，最下层支架对沟底高度为 100mm；双侧支架跨距为 698mm，上下层支架的净间距为 218mm，最下层支架对沟底高度为 87mm，两侧支架之间的宽度为 774mm，两侧支架应错开安装。

3）金属电缆支架须进行防腐处理。位于湿热、盐雾以及有化学腐蚀地区时，应根据设计做特殊的防腐处理。

4）金属电缆支架全长按设计要求进行接地焊接，应保证接地良好。所有支架焊接牢靠，焊接处防腐符合规范要求。接地极每 50m 设置一处。

5）电缆支架横梁末端 50mm 处应斜向上倾角 10°。支架材料应平直，无明显扭曲。下料误差应在 5mm 范围内，切口应无卷边、毛刺。

6）焊口应饱满，无虚焊现象。支架同一挡在同一水平面内，高低偏差不大于 5mm。支架应焊接牢固，无显著变形。

7）各支架的同层横挡应在同一水平面上，其高低偏差不应大于 5mm。托架支吊架沿桥架走向左右的偏差不应大于 10mm。单侧电缆沟支架安装见图 1-19、双侧电缆沟支架安装见图 1-20。

图 1-19　单侧电缆沟支架安装

图 1-20　双侧电缆沟支架安装

（4）盖板尺寸应严格配合电缆沟尺寸，电缆沟盖板间的缝隙应在 5mm 左右，盖板表面平整不积水，踩踏无异响。如位于机动车道上的盖板应采用加强型盖板。电缆沟盖板安装示例见图 1-21。

图 1-21　电缆沟盖板安装示例

（5）电缆沟敷设根数≤ 30。电缆敷设完成后应留有伸缩裕度，电缆应固定在支架上，金属支架应加衬垫，应保证电缆配置整齐。如设计无要求时应遵循电缆从下向上，从内到外的顺序排列原则。

▶▶ 1.2.4 非开挖拉管

（1）非开挖拉管敷设电缆根数≤ 7。

（2）出入土角度宜为 8°~15°，并满足电缆进入工井时的弯曲半径。非开挖拉管断面见图 1–22、非开挖拉管施工示例见图 1–23。

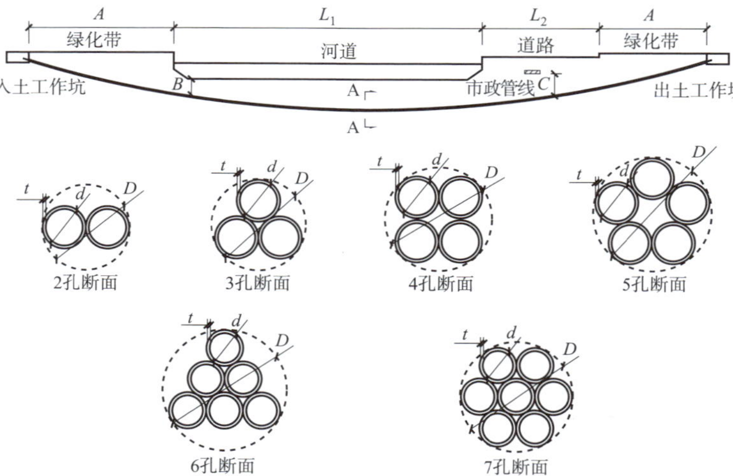

说明：1. 两端工作井待拉管穿越完毕后结合连接的电缆沟（电缆排管）尺寸和高差情况，确定工作井尺寸。图中出、入土工作坑可以根据实际情况进行调整。

2. 电缆保护管内径 d 和壁厚 t 根据电缆直径和非开挖拉管长度进行选择，可选择普通型和加强型。

3. 图中各数值：

A—根据拉管最低点与出、入土点高差确定的出、入土水平最小距离。

B—与河床底部最小保护距离，一般大于 3m，通航河道要求大于 5m。

C—与其他市政管线的最小保护距离，根据规范规程确定。

D—回扣孔直径，推荐 800~1000mm。

L_1—拉管穿越的河道水平距离。

L_2—拉管穿越的道路水平距离。

$X=2A+L_1+L_2$，非开挖拉管水平距离 X 推荐不宜超过 200m。

图 1–22　非开挖拉管断面

图 1-23 非开挖拉管施工示例

（3）回拖铺管结束后，必须在回扩孔内压密注浆，固化泥浆的配制及充填应满足有关工艺的要求。

（4）MPP 管材间的连接应采用热熔对接。热熔对接时，管材两端面刨平，用加热板加热，使塑管端面熔化，完成管道连接。

（5）拉管选用的排管内径不小于 1.5 倍电缆外径，各管内预留截面不小于 $4mm^2$ 的镀锌铁丝。

►► 1.2.5 电缆井

（1）电缆井开挖。

1）电缆井开挖时，密切注意地下管线、构筑物分布情况。如出现沟底持力层达不到设计要求，采取换土处理。

2）开挖应严格按挖沟断面分级开挖，沟体开挖应连续开挖，开挖施工中不得超挖，如发生超挖，应用细砂或石粉回填夯实至设计深度。挖土完成后应对基层土进行平整夯实处理。

（2）电缆井砌筑。

1）电缆井砌筑前应复测，确定方向后按设计要求进行砌筑。浇捣混凝土垫层时，首先绑扎钢筋，然后浇捣混凝土。

2）压顶梁浇筑时，制安模板时应托架牢固、模板平直、支撑合理、稳固及拆卸方便。拆模养护时，非承重构件的混凝土强度达到 1.2MPa 且构件不缺棱掉角，方可拆除模板。

3）混凝土外露表面不应脱水，普通混凝土养护时间不少于 7d。

4）抹灰前检查预埋件安装位置正确，与墙体连接牢固，抹灰工程施工的环境温度不宜低于 5℃，在低于 5℃的气温下施工时，应有保证质量的有效措施。

5）土方回填时宜采用人工回填，采用石灰粉或粗砂分层夯实，每层厚度不应大于 300mm。

6）电缆井需设置集水坑，泄水坡度不小于 0.5%，坑顶设置保护盖板，盖板上设置泄水孔。在确保电缆井底部高于“三污干管”（雨水管、污水管、废水管）底部的情况下，需同“三污干管”连通。电缆井集水坑口保护盖板见图 1–24。

图 1–24　电缆井集水坑口保护盖板

7）盖板尺寸应严格配合电缆井尺寸，电缆井盖板间的缝隙应在 5mm 左右，盖板表面平整不积水，踩踏无异响。非全开启电缆井设人孔 2 个，安全孔直径不小于 800mm，并在安全孔内设置爬梯，安全孔井盖应采用双层结构。如位于机动车道上的盖板应采用加强型盖板。

8）直线段一般每隔 50m 左右设置一个电缆井。

（3）电缆井支架安装。

1）电缆支架横梁末端 50mm 处应斜向上倾角 10°。上下层支架的净间距不应小于 200mm。

2）金属电缆支架须进行防腐处理。位于湿热、盐雾以及有化学腐蚀地区时，应根据设计做特殊的防腐处理。电缆井为电缆支架等所有铁附件均需可靠接地，其接地电阻不大于 10Ω。

3)支架材料应平直，无明显扭曲。下料误差应在 5mm 范围内，切口应无卷边、毛刺。

4）焊口应饱满，无虚焊现象。支架同一档在同一水平面内，高低偏差不大于 5mm。各支架的同层横挡应在同一水平面上，其高低偏差不应大于 5mm。支架应焊接牢固，无显著变形。

（4）电缆井内电缆敷设。

1）电缆敷设完成后应留有伸缩裕度，电缆应固定在支架上，应保证电缆配置整齐。

2）电缆施放在电缆支架上，整齐有序，先下后上。

（5）小于 12 回的电缆排管用 1.6m 宽直线井，小于 20 回的电缆排管用 2m 宽直线井。

▶▶ 1.2.6 电缆固定

（1）固定点应设在应力锥下和三芯电缆的电缆终端下部等部位，终端头搭接后不得使搭接处设备端子和电缆受力，固定处应加装衬垫。电缆垂直固定见图 1–25。

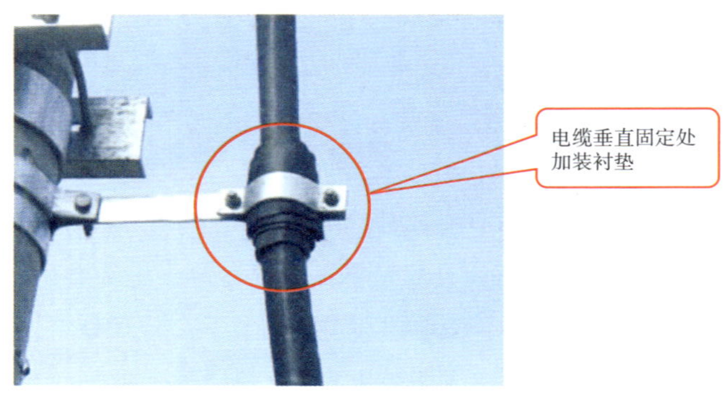

图 1–25 电缆垂直固定

（2）固定在电缆隧道、电缆沟的转弯处，电缆桥架的两端和采用挠性固定方式时，应选用移动式电缆夹具。所有夹具松紧程度应基本一致，两边螺丝应交替紧固，不能过紧或过松。

（3）电缆及其附件安装用的铁制紧固件，除地脚螺栓外均应用热镀锌制品。

（4）单芯电缆或多芯电缆分相后的各相电缆的钢性固定，宜采用铝合金等不构成磁性闭合回路的夹具。

（5）电缆登杆引上敷设时，电缆出地面部分使用钢管保护，保护管出土高度不低于 2.5m，入土不少于 200mm，保护管内直径不小于电缆外径的 1.5 倍。

（6）垂直敷设或超过 45° 倾斜敷设的电缆在每个支架、桥架上每隔1.5~2.0m处应加以固定。垂直敷设电缆固定间距见图1–26。

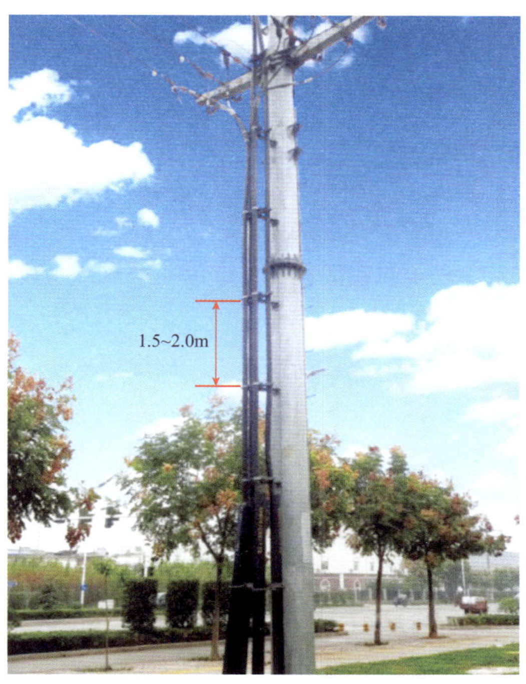

图1–26 垂直敷设电缆固定间距

1.3 电缆接地

▶▶ 1.3.1 电缆沟接地

（1）接地带沿全沟内侧通长敷设，接地极每 50m 设置一处；双侧支架电缆沟设置双侧接地极，单侧支架电缆沟设置单侧接地极。电缆沟接地装置见图 1–27。

（2）部件连接处全部采用双面焊，且焊接高度大于 6mm，焊接完毕后，清楚焊渣，并涂一层防腐漆，两层银色油漆。

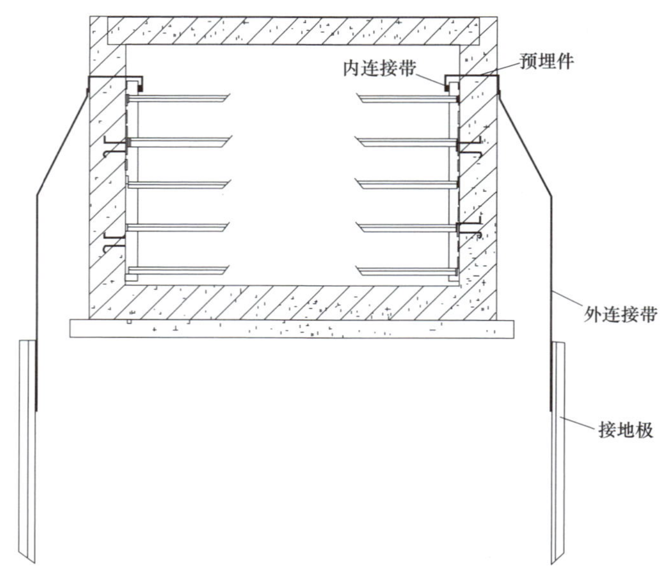

图 1–27　电缆沟接地装置

▶▶ 1.3.2 电缆井接地

电缆井内电缆支架等所有铁附件均需可靠接地，接地带沿全井内外两侧周圈敷设，工井四周各设接地极一处，其接地电阻不大于 10Ω。电缆井接地装置见图 1–28。

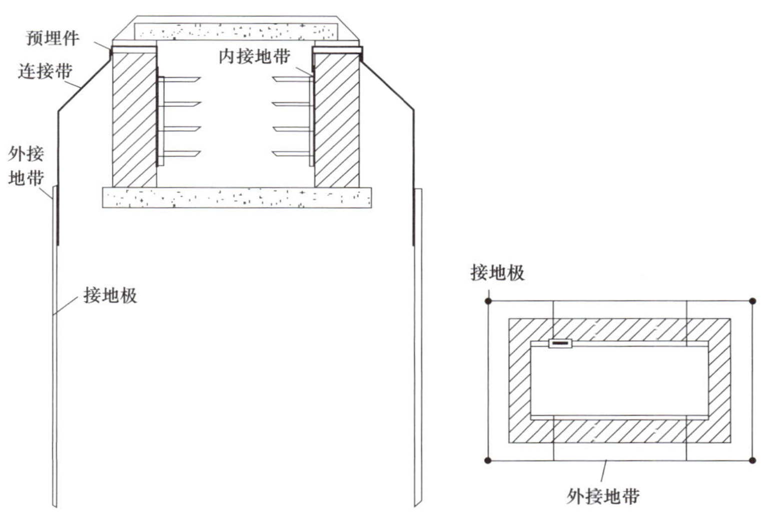

图 1–28　电缆井接地装置

▶▶ 1.3.3 电缆线路系统的接地

电缆的金属屏蔽和铠装、电缆支架和电缆附件的支架必须可靠接地，接地电阻不大于 10Ω；采取降阻措施时，可采用换土填充等物理性降阻剂进行，禁止使用化学类降阻剂。

▶▶ 1.3.4 电缆金属护层的接地方式

电缆金属屏蔽层必须直接接地。交流系统中三芯电缆的金属屏蔽层，应在电缆线路两终端部位实施接地。当三芯电缆具有塑料内衬层或隔离套时，金属屏蔽层和铠装层宜分别引出接地线，不得并接，应在不同点分别接地，且两者之间宜采取绝缘措施。

1.4 电缆附件制作安装

►► 1.4.1 电缆终端头

（1）电缆头制作前，应将用于牵引部分的电缆切除。电缆终端和接头处应留有一定的备用长度。

（2）严格按照电缆附件的制作要求制作电缆终端，电缆终端安装时应避开潮湿的天气，且尽可能缩短绝缘暴露的时间。如在安装过程中遇雨雾等潮湿天气应及时停止作业，并做好可靠的防潮措施。

（3）根据电缆终端和电缆的固定方式，确定电缆终端的制作位置。

（4）剥除外护套，应分两次进行，以避免电缆铠装层铠装松散。先将电缆末端外护套保留 100mm，然后按规定尺寸剥除外护套。

（5）冷缩和预制终端头，剥切外半导电层时，不得伤及主绝缘。外半导电层端口切削成约 4mm 的小斜坡并打磨光洁，与绝缘圆滑过渡。外半导电层端口切削打磨见图 1–29。

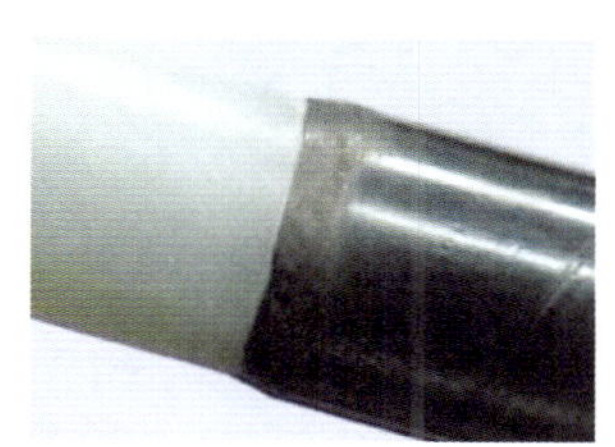

图 1–29　外半导电层端口切削打磨

（6）外半导电层剥除后，绝缘表面必须用细砂纸打磨，去除嵌入在绝缘表面的半导电颗粒。外半导电层剥除后绝缘表面打磨见图 1–30。

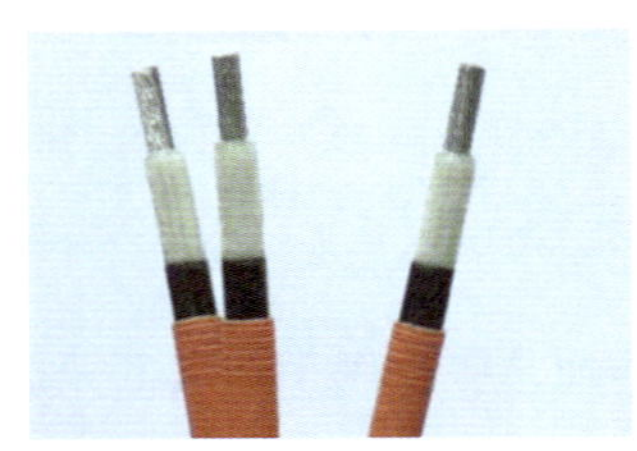

图 1–30　外半导电层剥除后绝缘表面打磨

（7）打磨后应清洁绝缘，应由线芯绝缘端部向半导电应力控制管方向进行。

（8）热缩终端头，剥切外半导电层时，将应力疏散胶拉薄拉窄，缠绕在半导电层与绝缘层的交接处，把斜坡填平，后再压半导电层和绝缘层各 5~10mm，并清洁绝缘。应力疏散胶缠绕见图 1–31。

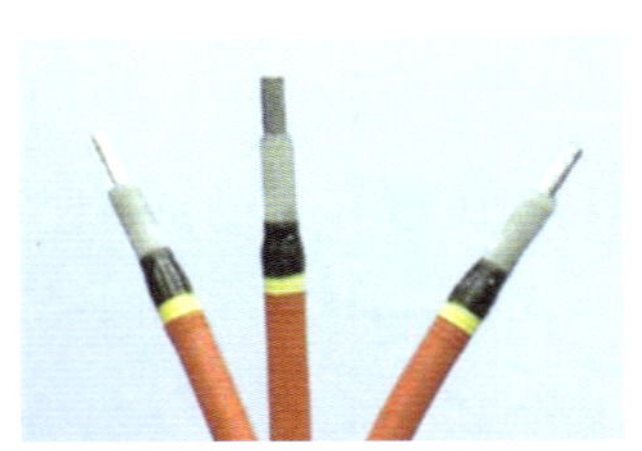

图 1–31　应力疏散胶缠绕

（9）绝缘层端口处理时，将绝缘层端头（切断面）倒角 3mm × 45°。

（10）热缩的电缆终端安装时应先安装应力管，再安装外部绝缘护管和雨裙。

（11）多段护套搭接时，上部的绝缘管应套在下部绝缘管的外部，搭接长度不得小于 10mm。

（12）确认相序一致后，应采用相应颜色的胶带进行相位标识。电缆终端相色胶带标识见图 1–32。

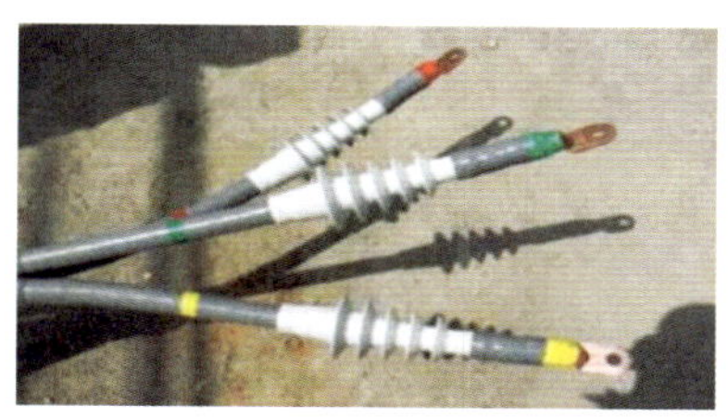

图 1–32　电缆终端相色胶带标识

（13）若为原运行中老旧、破损电缆终端头需重新制作，电缆终端头制作完毕应对该回电缆进行相序确认和交流耐压试验。

▶▶ 1.4.2 电缆中间头

（1）电缆中间接头应放置在电缆井或检查井内。

（2）剥除外护套，应分两次进行，以避免电缆铠装层铠装松散。先将电缆末端外护套保留 100mm，然后按规定尺寸剥除外护套。外护套断口以下 100mm 部分用砂纸打毛并清洗干净，在电缆线芯分叉处将线芯校直、定位。电缆外护套剥除见图 1–33。

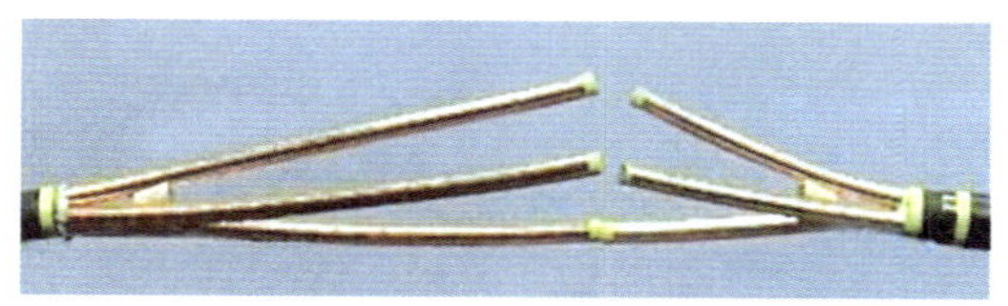

图 1–33　电缆外护套剥除

（3）锯铠装时，其圆周锯痕深度应< 2/3。

（4）剥除内护套时，在剥除内护套处用刀子横向切一环形痕，深度不超过内护套厚度的一半。

（5）根据制作说明书尺寸，剥除铜屏蔽层和外半导电层。外半导电层剥除后，绝缘表面必须用细砂纸打磨，去除嵌入在绝缘表面的半导电颗粒。

（6）根据说明书依次套入管材，顺序不得颠倒，所有管材端口应用塑料薄膜封口。

（7）冷缩和预制中间接头，剥切外半导电层时，不得伤及主绝缘。外半导电层端口切削成约 4mm 的小斜坡并打磨光洁，与绝缘圆滑过渡。外半导电层端口切削打磨见图 1–34。

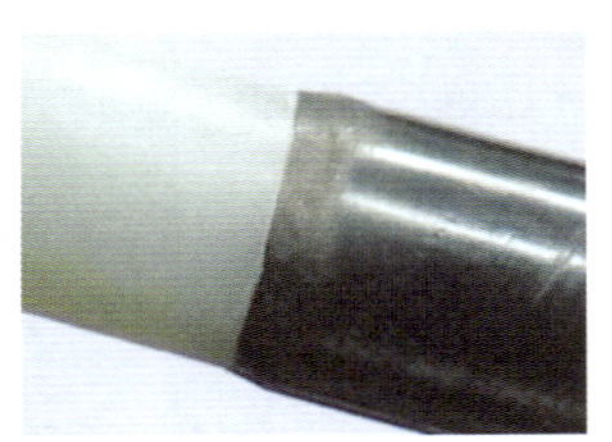

图 1–34　外半导电层端口切削打磨

（8）热缩中间接头，剥切外半导电层时，将应力疏散胶拉薄拉窄，缠绕在半导电层与绝缘层的交接处，把斜坡填平，后再压半导电层和绝缘层各 5~10mm。

（9）清洁绝缘时，应由线芯绝缘端部向半导电应力控制管方向进行。

（10）压接连接管，压接磨具应与连接管外径尺寸一致，压接后去除连接管表面棱角和毛刺，清洁绝缘与连接管。连接管压接见图 1–35。

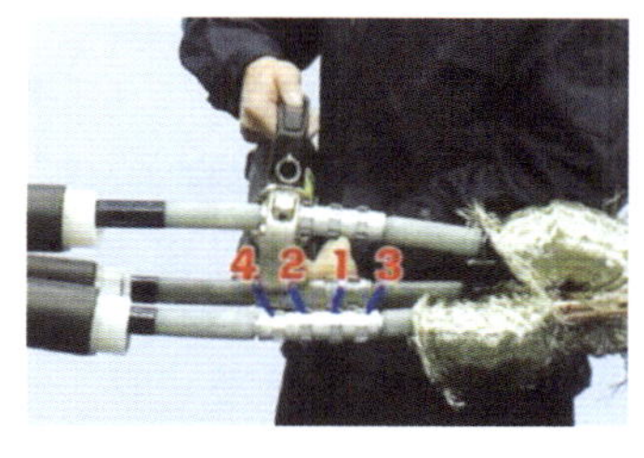

（a）压接操作

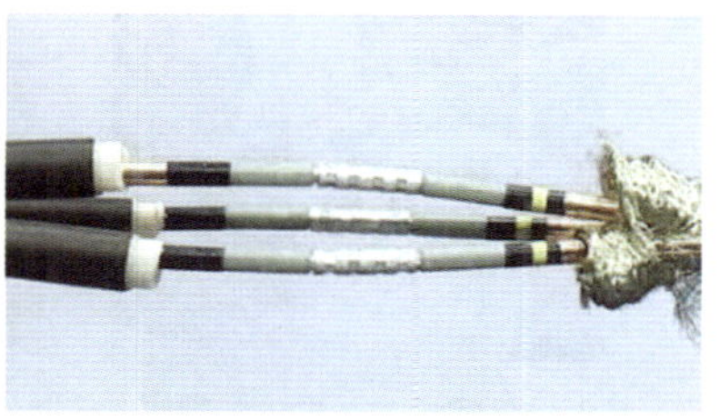

（b）绝缘与连接管清洁

图 1–35　连接管压接

（11）在连接管上绕包半导电带，两端与内半导电屏蔽层应紧密搭接。

（12）冷缩中间接头安装区域涂抹一层薄硅脂，将中间接头管移至中心部位，其一端应与记号平，抽出撑条时应沿逆时针方向进行，速度缓慢均匀。中间接头管位置见图 1–36。

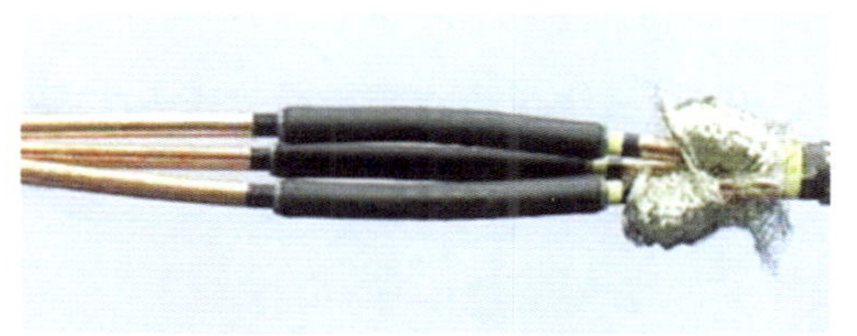

图 1–36　中间接头管位置

（13）固定铜屏蔽网应与电缆铜屏蔽层可靠搭接，铜屏蔽网焊接每处不少于两个焊点，焊点面积不少于 $10mm^2$。固定铜屏蔽网与电缆铜屏蔽层制作见图 1–37。

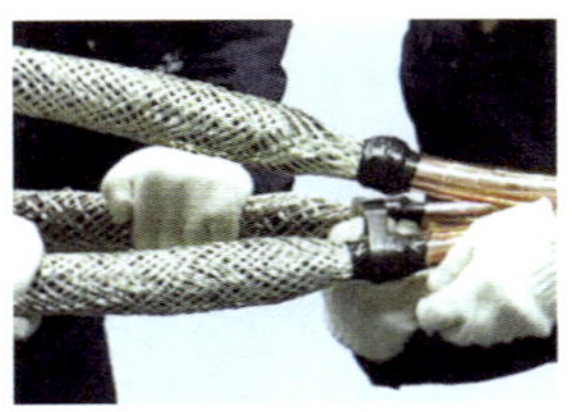

（a）固定铜屏蔽网与电缆铜屏蔽层可靠搭接

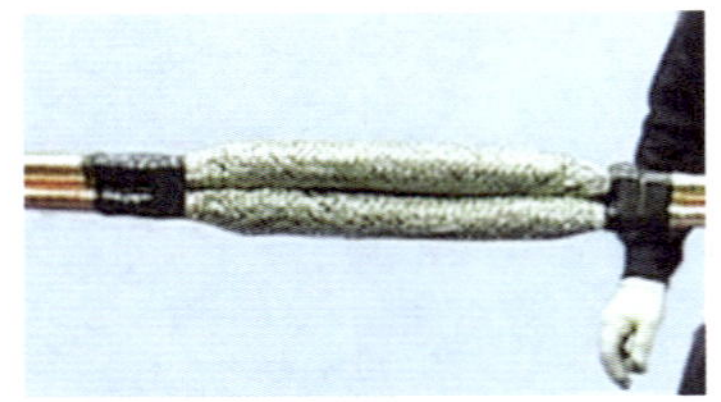

（b）制作成品

图 1–37　固定铜屏蔽网与电缆铜屏蔽层制作

（14）内绝缘管及屏蔽管两端绕包密封防水胶带，应拉伸200%，绕包应圆整紧密，两边搭接外半导电层和内外绝缘管及屏蔽管不得少于 30mm。

（15）冷缩中间接头的绕包防水带，应覆盖接头两端的电缆内护套，搭接电缆外护套不少于 150mm。

（16）热缩中间接头待电缆冷却后方可移动电缆，冷缩中间接头放置 30min 后方可进行电缆接头搬移工作。

（17）冷缩中间接头绕包防水胶带前，应先将两侧搭接的内护套进行拉毛，之后将绕包防水胶带拉伸至原来宽度 3/4，半重叠绕包，与内护套搭接长度不小于 100mm，完成后，双手用力挤压所包胶带使其紧密贴附。冷缩中间接头绕包防水胶带见图 1–38。

图 1–38　冷缩中间接头绕包防水胶带

（18）热缩时禁止使用吹风机替代喷灯进行加热。

（19）热缩应力控制管应以微弱火焰均匀环绕加热，使其收缩。

（20）加热管材时应从中间向两端均匀、缓慢环绕进行，把管内气体全部排除。

（21）若为原运行中老旧、破损电缆中间接头需重新制作，在旧电缆中间接头解体或电缆开断前，应与电缆走向图纸核对相符，并使用专用仪器（如感应法）确认证实电缆无电后，用接地的带绝缘柄的铁钉钉入电缆芯后方可工作。电缆中间头制作完毕应对该回电缆进行相序确认和交流耐压试验。

1.5 防火封堵

▶▶ 1.5.1 电缆沟防火墙

（1）户外电缆沟内的隔断应采用防火墙；电缆通过电缆沟进入保护室、开关室等建筑物时，应采用防火墙进行隔断。对于阻燃电缆在电缆沟每隔 80~100m 设置一个隔断，对于非阻燃电缆，宜每隔 60m 设置一个隔断，一般设置在临近电缆沟交叉处。

（2）防火墙两侧应采用 10mm 以上厚度的防火隔板封隔，中间应采用无机堵料、防火包或耐火砖堆砌，其厚度一般不小于 250mm。成品防火墙示例见图 1-39。

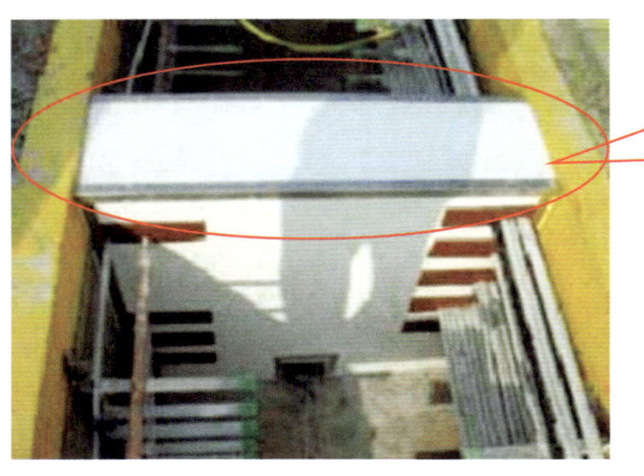

图 1-39 成品防火墙示例

（3）防火墙内的电缆周围应采用不得小于 20mm 的有机堵料

进行包裹。

（4）防火墙两侧的电缆周围利用有机堵料进行密实的分隔包裹，其两侧厚度大于防火墙表层 20mm。

（5）防火墙应采用热镀锌角钢作支架进行固定。

（6）防火墙内预留的电缆通道应进行临时封堵，其他所有缝隙均应采用有机堵料封堵。

（7）防火墙顶部应加盖防火隔板，底部应留有两个排水孔洞，防火墙上部的电缆盖上应涂刷明显标记。成品防火隔板示例见图 1–40。

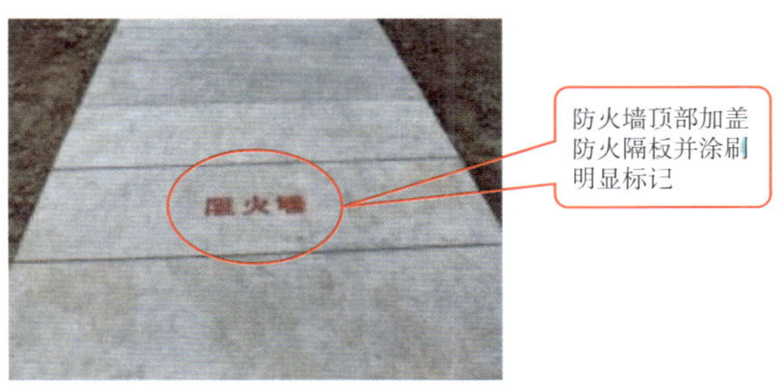

图 1–40　成品防火隔板示例

▶▶ 1.5.2 盘柜封堵

（1）在孔洞、盘柜底部铺设厚度为 10mm 的防火板，在孔隙口及电缆周围采用有机堵料进行密实封堵，电缆周围的有机堵料厚度不小于 20mm。

（2）用防火包填充或无机堵料浇筑，塞满孔洞。孔洞、盘柜底部封堵见图 1–41。

（a）盘柜底部封堵　　（b）孔洞封堵

图 1–41　孔洞、盘柜底部封堵

▶▶ 1.5.3 电缆保护管封堵

电缆管口应采用有机堵料严密封堵，管径小于 50mm 的堵料嵌入的深度不小于 50mm，露出管口厚度不小于 10mm；随管径的增加，堵料嵌入管子的深度和露出的管口的厚度也相应增加，管口的堵料要做成圆弧形。电缆保护管封堵见图 1–42。

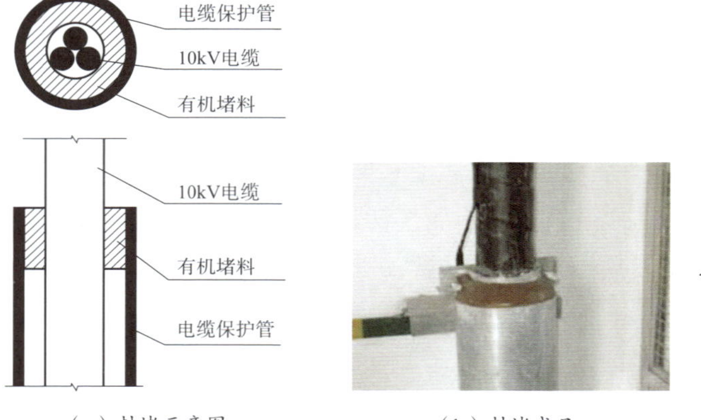

（a）封堵示意图　　（b）封堵成品

图 1–42　电缆保护管封堵

▶▶ 1.5.4 防火包带或涂料

（1）防火包带或涂料的安装位置一般在防火墙两端和电力电缆接头及其两侧的 2~3m 长区段和相邻电缆。水平敷设的电缆应沿电缆走向进行均匀涂刷，垂直敷设的电缆宜自上而下涂刷。电缆防火涂料的涂刷一般为 3 遍（可根据设计相应增加），涂层厚度为干后 1mm 以上。电缆接头及两侧涂刷防火涂料见图 1-43。

（2）防火包带应采用单根半搭盖方式绕包，包带要求紧密地覆盖在电缆上。

图 1-43　电缆接头及两侧涂刷防火涂料

1.6 电缆线路标识

（1）电缆路径沿途应设置统一的警示带、标识牌、标识桩、标识贴等电力标志。

（2）警示带主要用于直埋、排管敷设电缆的覆土层中。应在外力破坏高风险区域电缆通道宽度范围内两侧设置，如宽度大于 2m 应增加警示带数量。警示带采用黄底红字宽 200mm，并需留有服务电话。警示带模板见图 1–44。

图 1–44　警示带模板

（3）电缆进出建筑物、电缆井及电缆终端头、电缆中间接头、拐弯处、夹层内、隧道及竖井的两端、人井内等地方的电缆上应装设标识牌。电缆沟、隧道内电缆本体上，应每间隔 20m 加挂电缆标识牌。沿支架桥架敷设电缆在其首端、末端、分支处应挂标志牌。电缆排管进出井口处，加挂电缆标识牌。标识牌的字迹应清晰不易脱落，规格应统一，材质应能防腐，挂装应牢固。并联使用的电缆应有顺序号。 标识牌规格宜为 80mm × 150mm，白底黑字，在其长边两端打孔。采用塑料扎带、捆绳等非导磁金属材料牢固固定。电缆铭牌模板见图 1–45。

国家电网 STATE GRID

电缆铭牌

电缆名称＿＿＿＿＿＿	起点＿＿＿＿＿＿
电缆型号＿＿＿＿＿＿	终点＿＿＿＿＿＿
投运日期＿＿＿＿＿＿	长度＿＿＿＿＿＿

运行单位名称

图 1–45　电缆铭牌模板

（4）电缆终端头标识牌在电杆下线时应绑扎（粘贴）在电缆保护管顶端（电缆保护管宜高 2.5m），箱体内电缆终端标识牌绑扎在电缆终端头处。电缆中间接头标识牌置于电缆中间接头两侧 1.5m 处。电缆终端头和电缆中间接头标识牌样式一样。电缆终端头标识牌模板见图 1–46。

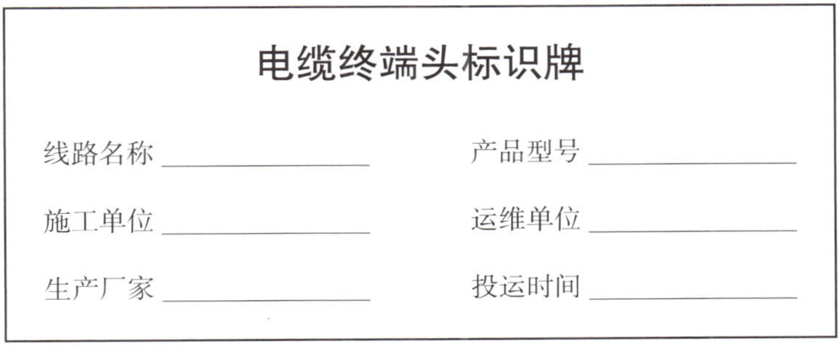

电缆终端头标识牌

线路名称＿＿＿＿＿＿	产品型号＿＿＿＿＿＿
施工单位＿＿＿＿＿＿	运维单位＿＿＿＿＿＿
生产厂家＿＿＿＿＿＿	投运时间＿＿＿＿＿＿

图 1–46　电缆终端头标识牌模板

（5）标识桩一般为普通钢筋混凝土预制构件，面喷涂料，颜色宜为黄底红字，文字及图像标识预制为凹槽形式，电缆直线段为直角箭头标桩、弯点为转角箭头标桩。敷设路径起、终点及转弯处，以及直线段每隔 20m 应设置一处，当电缆路径在绿化隔离带、灌木丛等位置时可延至每隔 50m 设置一处。标识桩模板见图 1–47。

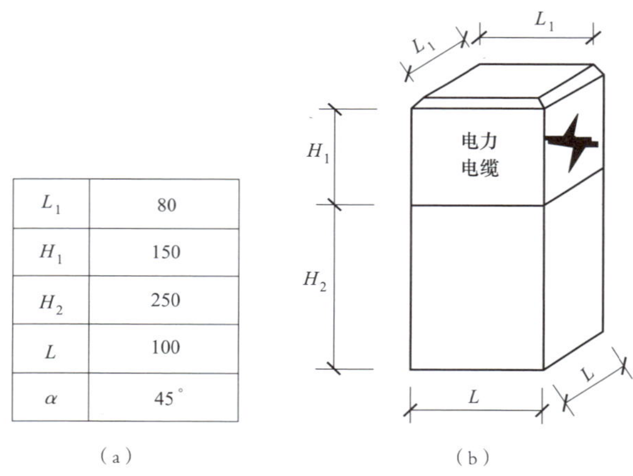

L_1	80
H_1	150
H_2	250
L	100
α	45°

图 1–47　标识桩模板

（6）直埋电缆在人行道、车行道等不能设置高出地面的标志时，可采用平面标识贴。电缆标识贴应牢靠固定于地面，宜选用树脂反光或不锈钢等耐磨损耐腐蚀的材料。树脂反光材料背面用网格地胶固定；不锈钢材料背面做好锚固件。标识贴规格宜为 120mm × 80mm，形状、大小可根据地面状况适当调整；标识贴上应有电缆线路方向指示，电缆井周围 1m 范围内，各方向通道上均应设置标识贴。平面标识贴模板见图 1–48。

（a）直线段标识贴

（b）转角标识贴

图 1-48 平面标识贴模板

CHAPTER 2

2

380V 电缆线路

2.1 直埋敷设

2.1.1 保护板直埋敷设

参照 1　10kV 电缆线路 1.2.1 执行。

2.1.2 穿管直埋敷设

（1）同一路径穿管直埋电缆根数不超过 1 根，敷设距离不宜超过 50m。

（2）电缆沟底应位于原状土层，沟底须铲平夯实。

（3）电缆应敷设于壕沟内，直埋电缆的覆土深度不应小于 0.7m，农田中、车行道及路口地下时覆土深度不应小于 1.0m，在直埋电缆上方应铺设警示带，警示带距电缆保护层不小于 200mm。穿管直埋敷设截面见图 2–1。

（4）沿电缆全长的上、下、侧面应铺以厚度不小于 100mm 的软土或砂层，沿电缆全长应穿保护管。

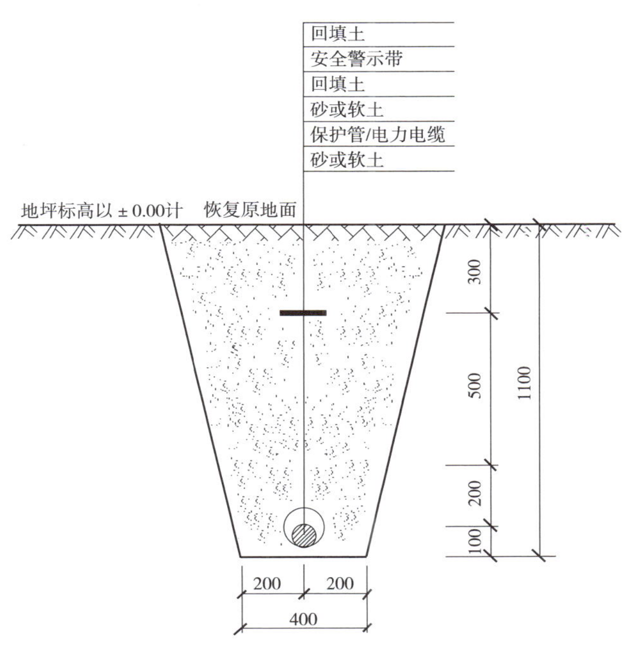

图 2-1　穿管直埋敷设截面

2.2 架空敷设

►► 2.2.1 墙侧式挂敷

（1）墙侧式挂敷电缆根数不超过 2 回，推荐 1 回敷设。墙侧式挂敷电缆示意图见图 2–2。

（2）电缆通过挂钩吊挂在吊线下方，吊线固定在安装于建筑物外墙上的墙担。一条吊线吊挂一条电缆，吊挂电缆的吊钩之间距离应为 0.4m。

（3）墙侧安装墙担，直线间距一般不大于 6m，在转角处需另设转角支架，电缆挂敷高度不低于 2.7m。

（4）墙侧挂敷电缆两端的墙担应可靠接地，并有效连接到镀锌钢绞线，接地线宜采用 50 × 5 的镀锌扁钢。

（5）墙侧一回敷设采用 L50 × 5 × 250 L 形墙担，墙侧两回敷设采用 L50 × 5 × 450 T 形墙担，T 形墙担上方需加圆钢拉杆拉撑。L 形、T 形墙担作耐张或终端时根据受力需要加装扁钢拉铁。一回墙侧式挂敷电缆断面图见图 2–3、两回墙侧式挂敷电缆断面图见图 2–4。

（6）电缆吊钩根据所挂敷电缆的外径选择相应的规格型号。

（7）吊线用镀锌钢绞线根据所挂敷电缆规格计算单位重量进行选择，选型表见表 2–1。

表 2-1　吊线用镀锌钢绞线选型表

电缆导体及截面（mm^2）	镀锌钢绞线选择
铝电缆 4 芯 120 以下	GJ-25
铜电缆 4 芯 50 以下	GJ-25
铝电缆 4 芯 120~240	GJ-35
铜电缆 4 芯 50~95	GJ-35
铜电缆 4 芯 120、150、185	GJ-50

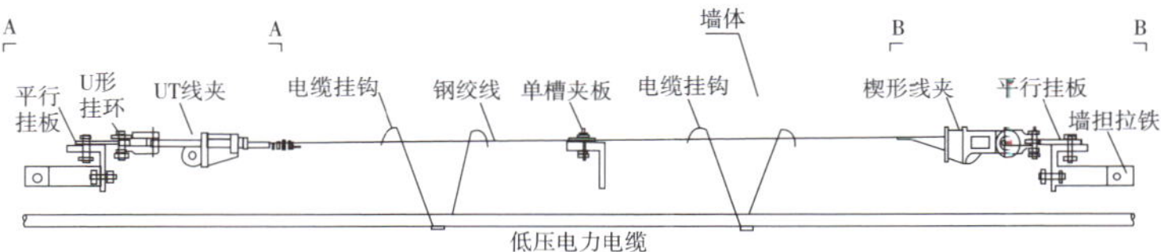

（a）一回墙侧式挂敷电缆平视图

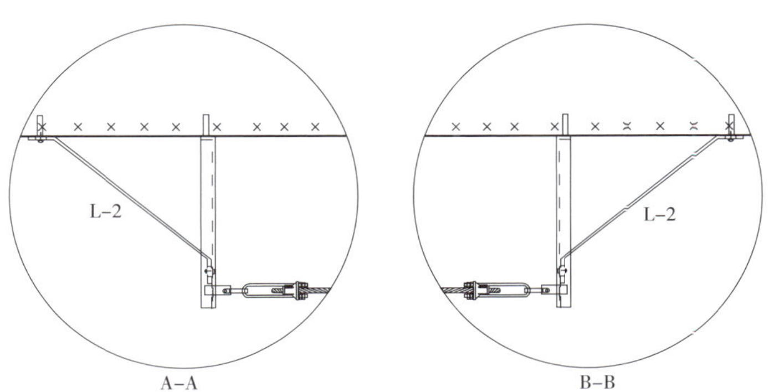

（b）墙侧式挂敷电缆断面图

图 2-2　墙侧式挂敷电缆示意图

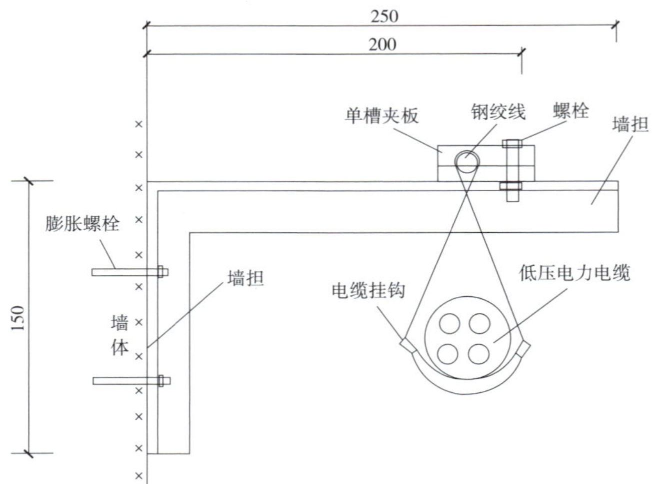

图 2-3 一回墙侧式挂敷电缆断面图

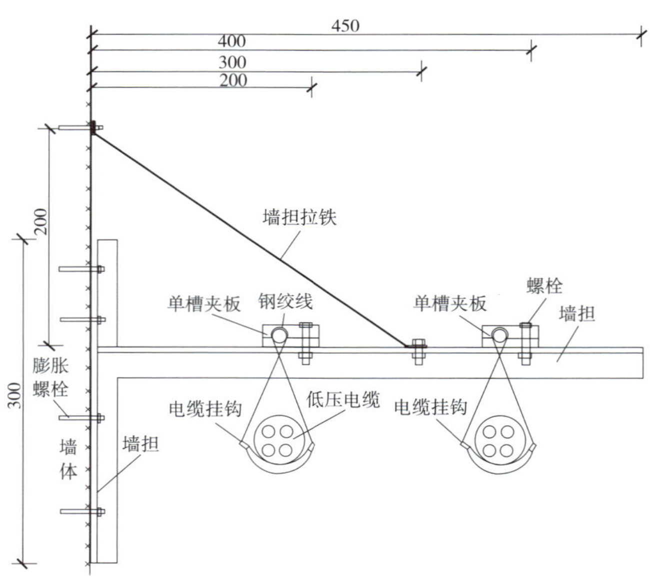

图 2-4 两回墙侧式挂敷电缆断面图

▶▶ 2.2.2 电杆挂敷

（1）电杆挂敷电缆根数不超过 2 回，推荐 1 回敷设。一回电杆挂敷电缆侧视图见图 2–5、两回电杆挂敷电缆侧视图见图 2–7。

（2）电缆通过挂钩吊挂在吊线下方，吊线通过单槽夹板及跳线抱箍（角铁横担）固定安装于电杆上。在终端位置采用拉线抱箍及其他金具，保证电缆挂敷的安全性。一回电杆挂敷电缆断面图见图 2–6、两回电杆挂敷电缆断面图见图 2–8。

（3）电杆吊挂电力电缆，电杆跨距一般不大于 50m，吊钩间距应为 0.4m，电杆宜采用 φ190mm × 10m 电杆，终端位置电杆应安装拉线（或采用钢管杆）。

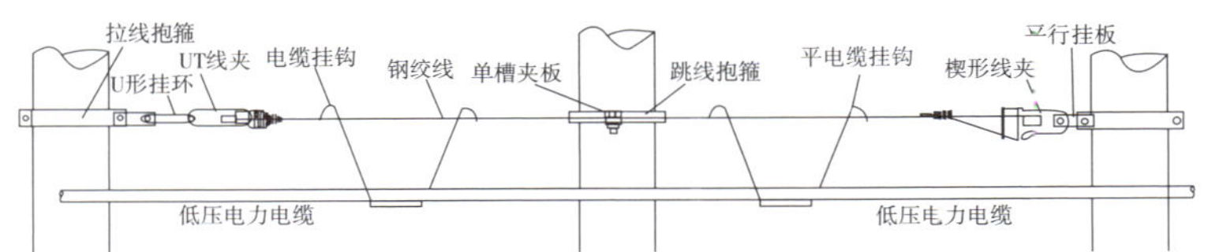

图 2–5　一回电杆挂敷电缆侧视图

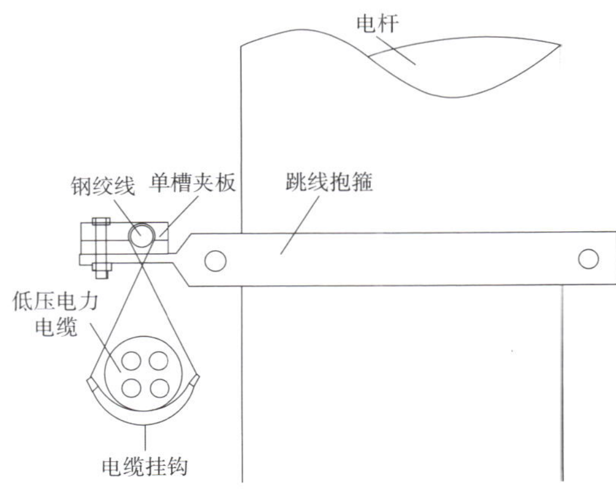

图 2–6　一回电杆挂敷电缆断面图

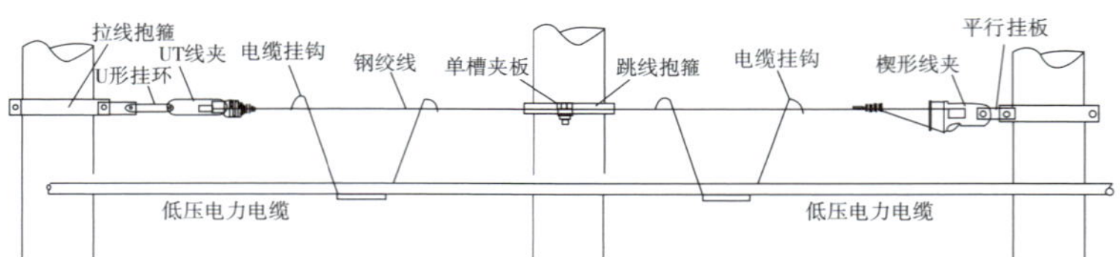

图 2-7　两回电杆挂敷电缆侧视图

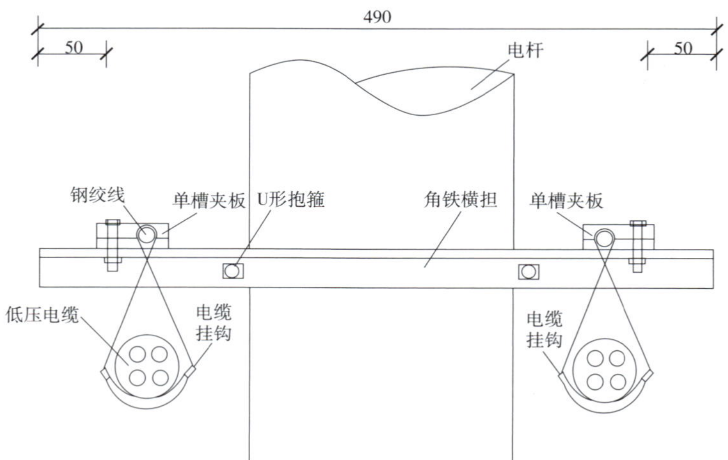

图 2-8　两回电杆挂敷电缆断面图

2.3 电缆终端及中间接头制作

▶▶ 2.3.1 电缆终端制作

（1）严格按照电缆附件的制作要求制作电缆终端，根据电缆终端和电缆的固定方式，确定电缆头的制作位置。

（2）电缆终端采用分支手套，分支手套应尽可能向电缆头根部拉近，过渡应自然、弧度一致，收缩后不得有空隙存在，并在分支手套下端口部位，绕包几层密封胶加强密封。电缆终端成品见图 2–9。

（3）电缆终端头金属屏蔽层、铠装层应用不同接地线引出，不得并接，应在不同点分别接地；地线的焊接部位用钢铠处理。

（4）将芯线插入接线端子内，用压线钳压紧接线端子，压接应在两模以上；铜接线端子应镀锡。

图 2–9　电缆终端成品

（5）应采用相应颜色的胶布进行相位标识，电缆终端相色见图 2-10。

图 2-10　电缆终端相色

▶▶ 2.3.2 电缆中间接头制作

（1）严格按照电缆附件的制作要求制作电缆中间接头。

（2）剥除外护套时，应分两次进行，以避免电缆铠装松散。先将电缆末端外护套保留 100mm，然后按规定尺寸剥除外护套。外护套断口以下 100mm 部分用砂纸打毛并清洗干净，以保证分支手套定位后，密封性能可靠。

（3）剥除铠装时，按规定尺寸在铠装上绑扎铜线，绑线的缠绕方向应与铠装的缠绕方向一致，使铠装越绑越紧不致松散。绑线用 φ2.0mm 的铜线，每道 3~4 匝。

（4）压接后，连接管表面的棱角和毛刺必须用锉刀和砂纸打磨光洁，并将金属粉末清洗干净。

（5）连接两端铠装时，编织带应焊在两层铠装上，焊接时，铠装焊区应用锉刀和砂纸砂光打毛，并先镀上一层锡，将铜编织带两端分别接在铠装镀锡层上，同时用铜绑线扎紧并焊牢。

（6）热缩外护套时，接头部位及两端电缆必须调整平直。外护套管定位前，必须将接头两端电缆外护套清洁干净并绕包一层密封胶。热缩时，由两端向中间均匀、缓慢、环绕加热，使其收缩到位。

2.4 低压电缆分支箱安装

▶▶ 2.4.1 落地式低压电缆分支箱安装

（1）户外安装的落地式电缆分支箱底部宜安装于高出地面 300~500mm 的混凝土浇筑基础上，户内安装的可选用混凝土浇筑基础或安装于金属安装架上。落地式电缆分支箱安装截面图见图 2–11。

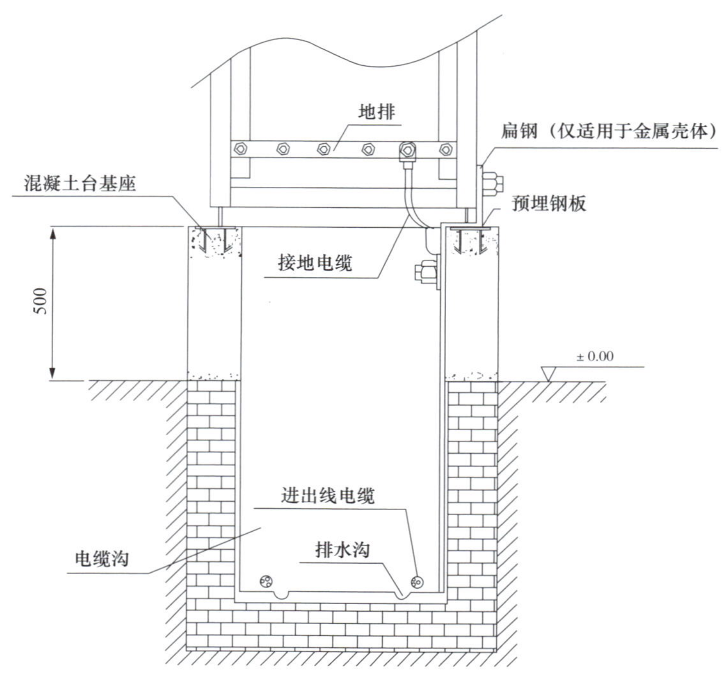

图 2–11　落地式电缆分支箱安装截面图

（2）落地式电缆分支箱体下方及预埋管进出口采用无机堵料、有机堵料及防火涂料进行封堵。

（3）落地式电缆分支箱户内安装时，金属箱体接地采用 50×6 扁钢与建筑物基础接地网可靠连接；电缆分支箱户外安装时，应设置就地垂直接地极，非金属箱体不接地，金属箱体的接地极采用 50×6 扁钢与就地接地极可靠连接，接地电阻不大于 4Ω；当为 TN–S 接地系统时，箱内 PE 排（接地排）和金属箱体接地极应与进线电缆地线牢固连接。

▶▶ 2.4.2 墙挂式低压电缆分支箱安装

（1）墙挂式电缆分支箱安装于箱体托架上（L50×5），托架采用箱体底部距离地面高度 1.5m。墙挂式电缆分支箱安装侧视图见图 2–12。

（2）墙挂式电缆分支箱户内安装时，金属箱体接地极采用 60×6 扁钢与建筑物基础接地网可靠连接；电缆分支箱户外安装时，应设置就地垂直接地极，金属箱体的接地极采用 50×6 扁钢与就地接地极可靠连接，接地电阻不大于 4Ω；当为 TN–S 接地系统时，箱内 PE 排（接地排）和金属箱体接地极应与进线电缆地线牢固连接。

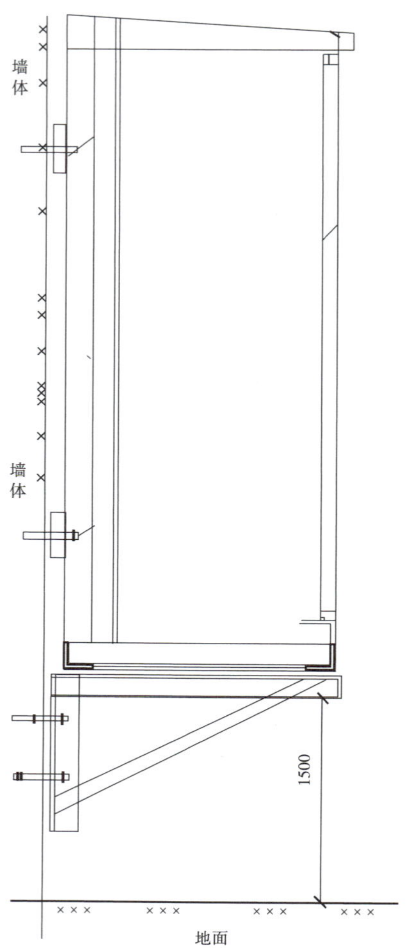

图 2-12　墙挂式电缆分支箱安装侧视图

注：380V 电缆线路工艺标准的共性要求、排管敷设、电缆井、电缆固定、电缆接地、防火封堵、电缆线路标识 7 部分参照本册第 1 章 10kV 电缆线路工艺标准执行。